U0247374

1949-2019
新中国气象事业70周年

七秩风雨弦歌不辍
塞上气象再奏华章

新中国气象事业 70周年·宁夏卷

宁夏回族自治区气象局

气象出版社
China Meteorological Press

图书在版编目（CIP）数据

新中国气象事业70周年. 宁夏卷 / 宁夏回族自治区
气象局编著. -- 北京 : 气象出版社, 2020.9
ISBN 978-7-5029-7169-4

Ⅰ.①新… Ⅱ.①宁… Ⅲ.①气象－工作－宁夏－画
册 Ⅳ.① P468.2-64

中国版本图书馆 CIP 数据核字 (2020) 第 074648 号

新中国气象事业70周年·宁夏卷
Xinzhongguo Qixiang Shiye Qishi Zhounian · Ningxia Juan

宁夏回族自治区气象局　编著

出版发行：气象出版社

地　　址：北京市海淀区中关村南大街46号　　　邮政编码：100081

电　　话：010-68407112（总编室）　　　010-68408042（发行部）

网　　址：http://www.qxcbs.com　　　E－mail：qxcbs@cma.gov.cn

策划编辑：周　露

责任编辑：吴晓鹏　郭佳佳　　　　　终　　审：张　斌

责任校对：张硕杰　　　　　　　　　责任技编：赵相宁

装帧设计：新光洋（北京）文化传播有限公司

印　　刷：北京地大彩印有限公司

开　　本：889 mm × 1194 mm 1/16　　　印　　张：13

字　　数：333 千字

版　　次：2020 年 9 月第1版　　　印　　次：2020 年 9 月第 1 次印刷

定　　价：268.00 元

《新中国气象事业 70 周年·宁夏卷》编委会

总 序

1949 年 12 月 8 日是载入史册的重要日子。这一天，经中央批准，中央军委气象局正式成立，开启了新中国气象事业的伟大征程。

气象事业始终根植于党和国家发展大局，与国家发展同行共进、同频共振。伴随着国家发展的进程，气象事业从小到大、从弱到强、从落后到先进，走出了一条中国特色社会主义气象发展道路。新中国成立后，我们秉持人民利益至上这一根本宗旨，统筹做好国防和经济建设气象服务。在国家改革开放的大潮中，我们全面加速气象现代化建设，在促进国家经济社会发展和保障改善民生中实现气象事业的跨越式发展。党的十八大以来，我们坚持以习近平新时代中国特色社会主义思想为指导，坚持在贯彻落实党中央决策部署和服务保障国家重大战略中发展气象事业，开启了现代化气象强国建设的新征程。70 年气象事业的生动实践深刻诠释了国运昌则事业兴、事业兴则国家强。

气象事业始终在党中央、国务院的坚强领导和亲切关怀下，与伟大梦想同心同向、逐梦同行。党和国家始终把气象事业作为基础性公益性社会事业，纳入经济社会发展全局统筹部署、同步推进。毛泽东主席关于气象部门要把天气常常告诉老百姓的指示，成为气象工作贯穿始终的根本宗旨。邓小平同志强调气象工作对工农业生产很重要，江泽民同志指出气象现代化是国家现代化的重要标志，胡锦涛同志要求提高气象预测预报、防灾减灾、应对气候变化和开发利用气候资源能力，都为气象事业发展指明了方向，鼓舞着我们奋勇前行。习近平总书记特别指出，气象工作关系生命安全、生产发展、生活富裕、生态良好，要求气象工作者推动气象事业高质量发展，提高气象服务保障能力，为我们以更高的政治站位、更宽的国际视野、更强的使命担当实现更大发展，提供了根本遵循。

在党中央、国务院的坚强领导下，一代代气象人接续奋斗、奋力拼搏，气象事业发生了根本性变化，取得了举世瞩目的成就。

70 年来，我们紧紧围绕国家发展和人民需求，坚持趋利避害并举，建成了世界上保障领域最广、机制最健全、效益最突出的气象服务体系。

面向防灾减灾救灾，我们努力做到了重大灾害性天气不漏报，成功应对了超强台风、特大洪水、低温雨雪冰冻、严重干旱等重大气象灾害，为各级党委政府防灾减灾部署和人民群众避灾赢得了先机。我们建成了多部门共享共用的国家突发事件预警信息发布系统，努力做到重点灾害预警不留盲区，预警信息可在 10 分钟内覆盖 86% 的老百姓，有效解决了"最后一公里"问题，充分发挥了气象防灾减灾第一道防线作用。

面向生态文明建设，我们构建了覆盖多领域的生态文明气象保障服务体系，打造了人工影响天气、气候资源开发利用、气候可行性论证、气候标志认证、卫星遥感应用、大气污染防治保障等服务品牌，开展了三江源、祁连山等重点生态功能区空中云水资源开发利用，完成了国家和区域气候变化评估，组织了四次全国风能资源普查，探索建设了国家气象公园，建立了世界上规模最大的现代化人工影响天气作业体系，人工增雨（雪）覆盖 500 万平方公里，防雹保护达 50 多万平方公里，有力推动了生态修复、环境改善，气象已经成为美丽中国的参与者、守护者、贡献者。

面向经济社会发展，我们主动服务和融入乡村振兴、"一带一路"、军民融合、区域协调发展等国家重大战略，主动服务和融入现代化经济体系建设，大力加强了农业、海洋、交通、自然资源、旅游、能源、健康、金融、保险等领域气象服务，成功保障了新中国成立 70 周年、北京奥运会等重大活动和南水北调、载人航天等重大工程，积极引导了社会资本和社会力量参与气象服务，服务领域已经拓展到上百个行业、覆盖到亿万用户，投入产出比达到 1∶50，气象服务的经济社会效益显著提升。

面向人民美好生活，我们围绕人民群众衣食住行健康等多元化服务需求，创新气象服务业态和模式，大力发展智慧气象服务，打造"中国天气"服务品牌，气象服务的及时性、准确性大幅提高。气象影视服务覆盖人群超过 10 亿，"两微一端"气象新媒体服务覆盖人群超 6.9 亿，中国天气网日浏览量突破 1 亿人次，全国气象科普教育基地超过 350 家，气象服务公众覆盖率突破 90%，公众满意度保持在 85 分以上，人民群众对气象服务的获得感显著增强。

70 年来，我们始终坚持气象现代化建设不动摇，建成了世界上规模最大、覆盖最全的综合气象观测系统和先进的气象信息系统，建成了无缝隙智能化的气象预报预测系统。

综合气象观测系统达到世界先进水平。气象观测系统从以地面人工观测为主发展到"天—地—空"一体化自动化综合观测。现有地面气象观测站 7 万多个，全国乡镇覆盖率达到 99.6%，数据传输时效从 1 小时提升到 1 分钟。建成了 216 部雷达组成的新一代天气雷达网，数据传输时效从 8 分钟提升到 50 秒。成功发射了 17 颗风云系列气象卫星，7 颗在轨运行，为全球 100 多个国家和地区、国内 2500 多个用户提供服务，风云二号 H 星成为气象服务"一带一路"的主力卫星。建立了生态、环境、农业、海洋、交通、旅游等专业气象监测网，形成了全球最大的综合气象观测网。

气象信息化水平显著增强。物联网、大数据、人工智能等新技术得到深入应用，形成了"云＋端"的气象信息技术新架构。建成了高速气象网络、海量气象数据库和国产超级计算机系统，每日新增的气象数据量是新中国成立初期的100多万倍。新建设的"天镜"系统实现了全业务、全流程、全要素的综合监控。气象数据率先向国内外全面开放共享，中国气象数据网累计用户突破30万，海外注册用户遍布70多个国家，累计访问量超过5.1亿人次。

气象预报业务能力大幅提升。从手工绘制天气图发展到自主创新数值天气预报，从站点预报发展到精细化智能网格预报，从传统单一天气预报发展到面向多领域的影响预报和风险预警，气象预报预测的准确率、提前量、精细化和智能化水平显著提高。全国暴雨预警准确率达到88%，强对流预警时间提前至38分钟，可提前3~4天对台风路径做出较为准确的预报，达到世界先进水平。2017年中国气象局成为世界气象中心，标志着我国气象现代化整体水平迈入世界先进行列！

70年来，我们紧跟国家科技发展步伐和世界气象科技发展趋势，大力加强气象科技创新和人才队伍建设，我国气象科技创新由以跟踪为主转向跟跑并跑并存的新阶段。

建立了较为完善的国家气象科技创新体系。我们不断优化气象科技创新功能布局，形成了气象部门科研机构、各级业务单位和国家科研院所、高等院校、军队等跨行业科研力量构成的气象科技创新体系。强化气象科技与业务服务深度融合，大力发展研究型业务。加快核心关键技术攻关，雷达、卫星、数值预报等技术取得重大突破，有力支撑了气象现代化发展。坚持气象科技创新和体制机制创新"双轮驱动"，形成了更具活力的气象科技管理制度和创新环境。气象科技成果获国家自然科学奖26项，获国家科技进步奖67项。

科技人才队伍建设取得丰硕成果。我们大力实施人才优先战略，加强科技创新团队建设。全国气象领域两院院士35人，气象部门入选"千人计划""万人计划"等国家人才工程25人。气象科学家叶笃正、秦大河、曾庆存先后获得国际气象领域最高奖，叶笃正获国家最高科学技术奖。一系列科技创新成果和一大批科技人才有力支撑了气象现代化建设。

70年来，我们坚持并完善气象体制机制、不断深化改革开放和管理创新，气象事业从封闭走向开放、从传统走向现代、从部门走向社会、从国内走向全球。

领导管理体制不断巩固完善。坚持并不断完善双重领导、以部门为主的领导管理体制和双重计划财务体制，遵循了气象科学发展的内在规律，实现了气象现代化全国统一规划、统一布局、统一建设、统一管理，形成了中央和地方共同推进气象事业发展、共同建设气象现代化的格局，满足了国家和地方经济社会发展对气象服务的多样化需求。

各项改革不断深化。坚持发展与改革有机结合，协同推进"放管服"改革和气象行政审批制度改革，全面完成国务院防雷减灾体制改革任务，深入推进气象服务体制、业务科技体制、管理体制等改革，初步建立了与国家治理体系和治理能力现代化相适应的业务管理体系和制度体系，为气象事业高质量发展注入强大动力。

开放合作力度不断加大。与近百家单位开展务实合作，形成了省部合作、部门合作、局校合作、局企合作的全方位、宽领域、深层次国内开放合作格局。先后与160多个国家和地区开展了气象科技合作交流，深度参与"一带一路"建设，为广大发展中国家提供气象科技援助，100多位中国专家在世界气象组织、政府间气候变化专门委员会等国际组织中任职，气象全球影响力和话语权显著提升，我国已成为世界气象事业的深度参与者、积极贡献者，为全球应对气候变化和自然灾害防御不断贡献中国智慧和中国方案。

气象法治体系不断健全。建立了《气象法》为龙头，行政法规、部门规章、地方法规组成的气象法律法规制度体系，形成了由国家、地方、行业和团体等各类标准组成的气象标准体系，气象事业进入法治化发展轨道。

70年来，我们始终坚持党对气象事业的全面领导，以政治建设为统领，全面加强党的建设，在拼搏奉献中践行初心使命，为气象事业高质量发展提供坚强保证。

70年来，气象事业发展历程中人才辈出、精神璀璨，有夙夜为公、舍我其谁的开创者和领导者，有精益求精、勇攀高峰的科学家，有奋楫争先、勇挑重担的先进模范，有甘于清苦、默默奉献的广大基层职工。一代代气象人以服务国家、服务人民的深厚情怀，谱写了气象事业跨越式发展的壮丽篇章；一代代气象人推动着气象事业的长河奔腾向前，唱响了砥砺奋进的动人赞歌；一代代气象人凝练出"准确、及时、创新、奉献"的气象精神，激发起干事创业的担当魄力！

70年的发展实践，我们深刻地认识到，**坚持党的全面领导是气象事业的根本保证。**70年来，在党的领导下，气象事业紧贴国家、时代和人民的要求，实现健康持续发展。我们坚持以习近平新时代中国特色社会主义思想为指导，增强"四个意识"，坚定"四个自信"，做到"两个维护"，把党的领导贯穿和体现到气象事业改革发展各方面各环节，确保气象改革发展和现代化建设始终沿着正确的方向前行。**坚持以人民为中心的发展思想是气象事业的根本宗旨。**70年来，我们把满足人民生产生活需求作为根本任务，把保护人民生命财产安全放在首位，把老百姓的安危冷暖记在心上，把为人民服务的宗旨落实到积极推进气象服务供给侧结构性改革等各方面工作，促进气象在公共服务领域不断做出新的贡献。**坚持气象现代化建设不动摇是气象事业的兴业之路。**70年来，我们坚定不移加强和推进气象现代化建设，以现代化引领和推动气象事业发展。我们按照新时代中国特色社会主义事业的战略安排，谋划推进现代化气象强国建设，确保气象现代化同党和国家的发展要求相适应、同气象事业发展目标相契合。**坚持科技创新驱动和人才优先发展是气象事业的根本动力**。70 年来，我们大力实施科技创新战略，着力建设高素质专业化干部人才队伍，集中攻关制约气象事业发展的核心关键技术难题，促进了气象科技实力和业务水平的不断提升。**坚持深化改革扩大开放是气象事业的活力源泉**。70 年来，我们紧跟国家步伐，全面深化气象改革开放，认识不断深化、力度不断加大、领域不断拓展、成效不断显现，推动气象事业在不断深化改革中披荆斩棘、破浪前行。

铭记历史，继往开来。《新中国气象事业 70 周年》系列画册选录了 70 年来全国各级气象部门最具有历史意义的图片，生动全面地记录了气象事业的发展足迹和突出贡献。通过系列画册，面向社会充分展示了气象事业 70 年来的生动实践、显著成就和宝贵经验；展现了气象事业对中国社会经济发展、人民福祉安康提供的强有力保障、支撑；树立了"气象为民"形象，扩大中国气象的认知度、影响力和公信力；同时积累和典藏气象历史、弘扬气象人精神，能够推动气象文化建设，凝聚共识，汇聚推进气象事业改革发展力量。

在新的长征路上，气象工作责任更加重大、使命更加光荣，我们将以习近平新时代中国特色社会主义思想为指导，不忘初心、牢记使命，发扬优良传统，加快科技创新，做到监测精密、预报精准、服务精细，推动气象事业高质量发展，提高气象服务保障能力，发挥气象防灾减灾第一道防线作用，以永不懈怠的精神状态和一往无前的奋斗姿态，为决胜全面建成小康社会、建设社会主义现代化国家做出新的更大贡献！

中国气象局党组书记、局长：刘雅鸣

2019 年 12 月

前言

　　70 年栉风沐雨，70 年砥砺奋进。伴随着新中国建设的铿锵步伐，在中国气象局和宁夏回族自治区党委、人大、政府、政协的大力支持下，一代又一代气象工作者接续奋斗，绘就了宁夏气象事业发展厚重而亮丽的精彩画卷。

　　为庆祝中华人民共和国成立 70 周年、新中国气象事业 70 周年，我们对宁夏气象事业发展进行了梳理总结，编写了《新中国气象事业 70 周年·宁夏卷》，画册共分为 "关怀鼓舞、振奋精神""气象变迁、初心不改""科技人才、两翼齐飞""党的建设、坚强保证"4 个部分。通过 500 余幅图片，记录了上级领导对宁夏气象事业的高度重视和亲切关怀，展示了宁夏气象事业发展的辉煌历程，讴歌了"准确、及时、创新、奉献"的气象精神。本画册的出版为我们了解气象、热爱气象、支持气象提供了新的视角。

　　70 年山川巨变，70 年盛世华章。新中国宁夏气象事业起步于 1950 年，主要开展地面气象观测业务。到 20 世纪 70 年代，全区气象台站逐步开展天气预报、气象为农服务、人工影响天气等业务，气象服务的社会效益和经济效益初步显现。改革开放以来，宁夏气象事业进入快速发展时期，气象观测网络不断完善，基本形成了地基、空基和天基相结合的综合观测体系；气象预报准确率稳步提升，预报精细化程度不断提高，预测时间尺度不断延长；气象防灾减灾和气象服务能力明显增强，服务效益显著提升。特别是党的十八大以来，气象现代化建设成果丰硕，综合气象观测实现上档升级；气象预报预测准确率持续提高；气象服务在保护人民生命安全、促进人民生活富裕、助力生产发展、保障生态良好方面发挥着更加重要的作用；气象科技创新和人才队伍建设明显增强；气象法治建设和依法行政取得新成效；全面从严治党更加深入。

　　回顾历史，我们倍感自豪；展望未来，我们信心百倍。新时代开启新征程，全区气象部门将以习近平新时代中国特色社会主义思想为指导，坚持以人民为中心的发展思想，努力做到监测精密、预报精准、服务精细，发挥好气象防灾减灾第一道防线作用，为建设经济繁荣、民族团结、环境优美、人民富裕的美丽新宁夏做出更大贡献。

目 录

关怀鼓舞 振奋精神

　　70年来，中国气象局和宁夏回族自治区党委、人大、政府、政协等领导多次莅临全区各级气象部门，视察指导气象工作，为宁夏气象事业发展开方指路。在领导的高度重视和亲切关怀下，在各部门的大力支持下，在社会各界与人民群众的关切与鼓励下，全区气象部门全体干部职工勇于担当、奋力开拓，推动宁夏气象事业全面发展。

中国气象局领导为宁夏气象事业发展举旗定向

▲ 1993 年 8 月，中国气象局副局长李黄（前排右 5）到
六盘山气象站调研指导

▲ 2000 年 4 月，中国气象局副局长颜宏（前排右 5）到
中卫县气象局调研指导

2003 年 1 月 20 日，▶
中国气象局副局长许小
峰（右 1）到固原市气
象局调研指导

▲ 2004 年 4 月 11 日，中国气象局局长秦大河（前排右 3）和自治区
政府副主席赵廷杰（前排右 1）到固原市气象局调研指导

▲ 2004 年 4 月 12 日，中国气象局局长秦大河（前排右 6）和自治区政府副主席赵廷杰（前排左 6）到中卫县气象局调研指导

▲ 2005 年 7 月 7 日，中国气象局副局长宇如聪（前排右 2）到银川市气象局调研指导

▲ 2005 年 7 月 8 日，中国气象局副局长宇如聪（右 3）到石嘴山市气象局调研指导

▲ 2006 年 8 月 27 日，中国气象局副局长王守荣（右 3）到宁夏气象局调研指导

▲ 2009 年 10 月 26 日，中国气象局局长郑国光（前排右 2）到中宁县气象局调研指导

▲ 2010 年 1 月 11 日，中国气象局局长郑国光（右 1）到银川市气象局调研指导

▲ 2010 年 8 月 22 日，中国气象局副局长许小峰（前排右 1）到宁夏气象局调研指导

▲ 2011 年 9 月 6 日，中国气象局局长郑国光（前排右 3）到宁夏气象局调研指导

2012 年 1 月 16 日，▶
中国气象局副局长矫梅
燕（前排右 1）到六盘
山气象站慰问

▲ 2012 年 5 月 27 日，国家防汛抗旱总指挥部副秘书长、中国气象局副局长矫梅燕（前排右 3）
一行听取宁夏防汛抗旱工作汇报

▲ 2015 年 8 月 10 日，中国气象局局长郑国光（左 2）、自治区政府党组副书记郝林海（左 3）到宁夏气象局调研指导工作

▲ 2016 年 6 月 22 日，中国气象局副局长矫梅燕（右 4）调研永宁县闽宁镇酿酒葡萄气象服务野外试验示范基地

▲ 2016 年 6 月 22 日，中国气象局副局长矫梅燕（前排左 2）
在中卫云基地调研

2017 年 6 月 2 日，中 ▶
国气象局副局长沈晓农
（前排左 2）在宁夏气
象科研所调研指导

▲ 2017 年 6 月 2 日，中国气象局副局长沈晓农（左 3）在宁夏气象台调研指导

◀ 2017 年 10 月 11 日，中国气象局副局长宇如聪（左 2）在宁夏气候中心调研指导

▲ 2018 年 8 月 29 日，中国气象局副局长余勇（右 2）在银川国家基准气候站调研指导

▲ 2018 年 8 月 30 日，中国气象局副局长余勇（右 1）在中卫市气象局调研指导

▲ 2019 年 7 月 17 日，中国气象局副局长于新文（右 4）在吴忠市气象局调研指导

▲ 2019 年 7 月 18 日，中国气象局副局长于新文（居中）在宁夏气象台调研指导

　　中国气象局历任局领导多次到宁夏调研指导气象工作，按来宁时间先后有：饶兴、邹竞蒙、温克刚、秦大河、郑国光、刘雅鸣，王瑞琪、章基嘉、李黄、颜宏、刘英金、孙先健、许小峰、宇如聪、张文建、王守荣、沈晓农、矫梅燕、刘实、余勇、于新文。

　　照片未能全部展示，特此说明。

自治区领导为宁夏气象事业发展开方指路

▲ 1994 年 2 月 15 日，自治区政府副主席周生贤（左 4）到宁夏气象局调研指导

▲ 1996 年 5 月 24 日，自治区政府副主席周生贤（立者左 4）到宁夏气象局调研指导

▲ 1999 年 3 月 18 日，自治区党委书记毛如柏（前排左 8）出席全区气象工作会议

▲ 2001年6月13日，自治区党委书记毛如柏（右2）召集自治区有关部门在宁夏气象局召开宁南山区旱情与气象形势分析会

▲ 2001年7月2日，自治区政府主席马启智（居中）到宁夏气象局调研指导

2003 年 5 月 4 日，自治区党委书记陈建国（右3）检查指导汛期气象服务工作。自治区党委常委于革胜（右4）、自治区政府副主席赵廷杰（右2）参加座谈

2003 年 5 月 6 日，自治区政府副主席赵廷杰（前排右3）慰问飞机增雨作业人员

◀ 2004 年 6 月 8 日，自治区党委书记陈建国（前排右 3）现场协调宁夏气象局规划建设工作

◀ 2006 年 10 月 2 日，自治区党委书记陈建国（右 3）慰问六盘山气象站工作人员

2007 年 4 月 3 日，自治区人大常委会副主任余今晓（右 2）到固原市气象局调研指导 ▶

▲ 2007 年 4 月 3 日，自治区人大常委会副主任余今晓（右 3）到盐池县气象局调研指导

▲ 2008 年 2 月，自治区党委书记陈建国（右 3）到宁夏气象局调研指导

◀ 2008 年 6 月 26 日，自治区政
府主席助理屈冬玉（左 2）到宁
夏气象局调研指导

2008 年 7 月 14 日，▶
自治区政府副主席郝
林海（左 3）到宁夏气
象局调研指导

◀ 2008 年 7 月 14 日，自治区
政府副主席郝林海（右 3）慰
问飞机增雨作业机组

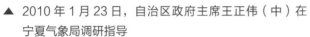

▲ 2010 年 1 月 23 日，自治区政府主席王正伟（中）在宁夏气象局调研指导

▲ 2010 年 1 月 23 日，自治区政府主席王正伟（前左 1）在宁夏气象局调研指导

2010 年 5 月 24 日，▶
自治区党委书记陈建国（右 1）调研指导气象工作。自治区党委副书记于革胜（右 3）参加调研

◀ 2011 年 2 月 10 日，自治区人大常委会副主任马秀芬（前排右 2）到宁夏气象局调研指导

◀ 2012 年 5 月 12 日，自治区政
府副主席刘慧（前排左 1）视
察"5·12"防灾减灾宣传活动

◀ 2012 年 10 月 31 日，自治
区政协副主席李淑芬（右 4）
视察盐池县气象工作

2013 年 2 月 22 日， ▶
自治区政府副主席屈
冬玉（右 4）在宁夏
气象局调研气象工作

2013 年 6 月 7 日，自治区党委副书记崔波（右 3）调研宁夏气象工作。自治区政府副主席屈冬玉（左 2）参加调研

2013 年 9 月，自治区人大常委会副主任王儒贵（右 3）到银川市气象局调研气象探测环境保护工作

2014 年 1 月 30 日，自治区党委书记李建华（居中）到宁夏气象局调研指导

2016 年 1 月 27 日，▶
自治区政府副主席曾
一春（左 3）出席全区
气象局长会议

2016 年 5 月 25 日，▶
自治区政府副主席曾
一春（前排左 2）到宁
夏气象台调研指导

◀ 2016 年 5 月 25 日，
自治区政府副主席曾
一春（前排右 3）慰问
增雨作业机组

2017 年 2 月 7 日，自 ▶
治区政府副主席王和山
（左 3）到宁夏气象局
指导抗旱气象服务工作

◀ 2017 年 2 月 21 日，自治
区政府主席咸辉（右 2）到
宁夏气象局调研指导

◀ 2017 年 2 月 21 日，自治
区政府主席咸辉（前排右 3）
到宁夏气象局指导暴雪气象
服务工作。自治区政府副主
席许尔锋（前排右 2）参加
调研

▲ 2017年4月18日，自治区政府副主席马顺清（前排左2）到宁夏气象局调研指导

▲ 2017年6月1日，自治区政府副主席王和山（右2）出席在银川召开的西北区域气象中心工作会议

▲ 2019年2月4日，自治区政府主席咸辉（前排左1）春节慰问宁夏气象干部职工

　　自治区党委、人大、政府、政协历任领导多次到全区气象部门调研指导气象工作，按调研指导时间先后有：毛如柏、陈建国、李建华，任启兴、刘丰富、于革胜、崔波、李东东；马思忠、雷鸣、黄超雄、韩有为、余今晓、马秀芬、王儒贵、袁进琳；白立忱、王正伟、刘慧、咸辉、李成玉、周生贤、王魁才、刘仲、马锡广、陈进玉、马俊廷、赵廷杰、张来武、屈冬玉、郝林海、曾一春、王和山、许尔锋、马顺清；吴尚贤、周文吉、马瑞文、金晓昀、李淑芬。

　　照片未能全部展示，特此说明。

省部共建推动气象事业高质量发展

◀ 2004 年 4 月 13 日，中国气象局局长秦大河（左）与自治区党委书记陈建国（右）在银川会面

▲ 2011 年 9 月 5 日，中国气象局局长郑国光（前排右）与宁夏回族自治区政府主席王正伟（前排左）在银川签署合作协议

2011 年 9 月 5 日，中国气象局与宁夏回族自治区政府在银川签署《共同推进宁夏公共气象服务能力建设》省部合作协议。双方坚持因地制宜、突出特色、项目带动、服务引领的原则，共同加强对宁夏气象工作的领导，不断提升宁夏气象预测预报、防灾减灾、应对气候变化、开发利用气候资源等业务的能力和水平。重点加快宁夏沿黄经济区气象保障体系工程、宁夏农业气象服务和农村气象灾害防御体系工程、宁夏人工影响天气作业能力工程和宁夏吴忠新一代天气雷达工程的建设。

◀ 2011年9月5日，中国
气象局局长郑国光（左）
与自治区党委书记张毅
（右）在银川会面

◀ 2011年9月5日，中国
气象局局长郑国光（左4）
向自治区党委书记张毅
（前排右2）和政府主席
王正伟（前排右1）赠送
风云气象卫星宁夏全域
遥感图

2015年8月10日，▶
中国气象局局长郑国光
（左）与自治区党委书
记李建华（右）在银川
会面

2015 年 8 月 11 日,中国气象局局长郑国光(左 2)、自治区政府常务副主席张超超（右 4 ）在银川出席省部合作第二次联席会议

2015 年 8 月 11 日,中国气象局与宁夏回族自治区政府在银川召开省部合作第二次联席会议,总结双方合作协议落实情况,进一步巩固和扩大省部合作成果,深化省部合作的领域和范围,立足宁夏区情和发展需要,在气象灾害应急、农业气象服务、城市气象监测、交通安全气象保障和应对气候变化等方面达成共识。

2016 年 3 月 9 日,中国气象局、宁夏回族自治区深化省部合作座谈会在京举行

2016 年 3 月 9 日,中国气象局与自治区深化省部合作座谈会在北京召开,双方回顾并充分肯定了省部合作以来取得的丰硕成果,就共同推进智慧宁夏建设、宁夏精准脱贫和 "十三五"宁夏特色气象现代化重大工程达成共识。（中国气象局局长郑国光,宁夏回族自治区党委书记李建华,政府主席刘慧等领导参加会议）

▲ 2019 年 10 月 18 日，中国气象局局长刘雅鸣（右）与宁夏回族自治区政府主席咸辉（左）在银川签署新一轮省部合作协议

2019 年 10 月 18 日，中国气象局与宁夏回族自治区政府在银川召开新一轮省部合作座谈会，双方在共同建设宁夏城乡生态环境保护气象服务工程、宁夏"气象 + 行业"大数据应用示范工程、六盘山地形云野外科学试验示范基地，实施宁夏农村气象信息服务工程、宁夏基层气象现代化建设提质增效工程，组建宁夏生态气象和卫星遥感中心等合作事项达成共识。

中国气象局和自治区领导多次在北京和银川会面，共同商议宁夏气象事业发展大计，有力地推动了宁夏气象事业发展。主要有：

1987 年 8 月 7 日至 14 日期间，国家气象局局长邹竞蒙分别与自治区党委书记沈达人、政府主席白立忱在银川会面。

2000 年 2 月 18 日，自治区党委书记毛如柏与中国气象局副局长刘英金在银川会面。

2000 年 8 月 18 日至 20 日期间，中国气象局局长温克刚分别与自治区党委书记毛如柏、政府主席马启智等领导在银川会面。

2002 年 12 月 18 日，中国气象局局长秦大河与自治区政府副主席赵廷杰在北京会面。

2004 年 4 月 11 日至 13 日期间，中国气象局局长秦大河分别与自治区党委书记陈建国、政府主席马启智在银川会面。

2009 年 10 月 26 日，中国气象局局长郑国光与自治区政府主席王正伟在银川会面。

2010 年 1 月 11 日，中国气象局局长郑国光与自治区党委书记陈建国在银川会面。

2011 年 6 月 28 日，中国气象局局长郑国光与自治区政府副主席郝林海在北京会面。

2011 年 9 月 5 日，中国气象局局长郑国光与自治区政府主席王正伟在银川会面。

2013 年 11 月 12 日，中国气象局局长郑国光与自治区政府副主席屈冬玉在北京会面，共同出席省部合作联席会议。

2015 年 8 月 10 日，中国气象局局长郑国光与自治区党委书记李建华在银川会面。

2016 年 2 月 26 日，中国气象局局长郑国光与自治区政府副主席曾一春在北京会面。

2016 年 3 月 9 日，中国气象局局长郑国光与自治区党委书记李建华、政府主席刘慧等领导在北京会面。

2019 年 5 月 13 日，中国气象局局长刘雅鸣与自治区政府副主席王和山在北京会面。

2019 年 10 月 18 日至 20 日期间，中国气象局局长刘雅鸣分别与自治区党委书记石泰峰、政府主席咸辉在银川会面。

照片未能全部展示，特此说明。

气象变迁 初心不改

气象事业是科技型、基础性社会公益事业，气象现代化建设是气象业务、服务发展的基础。宁夏气象部门始终坚持把气象现代化建设作为兴业之本，从事业发展历程来看，正是由于气象现代化的不断发展，气象观测更加全面，气象预报更加准确，使得气象服务的效益不断提升。

综合观测

从 1950 年建立银川气象站至 1958 年成立宁夏气象局时，宁夏共有 16 个地面气象台站。1972 年宁夏气象局建设气象雷达，并与陕西省、甘肃省组成西北地区气象观测雷达网。20 世纪 80 年代以来，宁夏气象观测站网建设进入快车道，布局不断优化。目前，已建成 3 个国家基准气候站、9 个国家基本气象站、104 个国家气象观测站、858 个气象观测站。地面气象观测站平均站间距达到 8.4 千米，山洪地质灾害易发区及乡镇实现全覆盖；建成 3 个国家天气雷达站、1 个国家高空气象观测站，实现雷达观测全区覆盖；建成 5 个风云二号卫星中规模利用站、1 个风云三号卫星省级直收站和 1 个风云四号卫星省级直收站等，可接收风云系列、"葵花" 8 号等卫星数据；建设 164 个各类应用气象观测站，其中 111 套应用气象观测站（农业）及实景观测系统，初步实现自治区 "1+4" 特色农作物气象监测全覆盖。气象观测设备随着气象现代化的推进而更新换代，气象观测科技含量日新月异。

▶（一）地面观测

▲ 20 世纪 60 年代，工作人员开展地温观测

◀ 20 世纪 60 年代，工作人员
开展蒸发观测

◀ 20 世纪 70 年代，银川基本
气象站工作人员开展太阳辐
射观测

20 世纪 70 年代，石嘴山 ▶
气象站工作人员开展气温
观测

◀ 1978 年，青铜峡气象站
工作人员开展气温观测

▲ 20 世纪 80 年代，银川基本气象站工作
人员开展气象观测

▲ 20 世纪 80 年代，工作人员开展
气象数据记录

1988 年，韦州气象站工 ▶
作人员开展地温观测

▲ 1996 年，麻黄山气象站工作人员开展
气温观测

▲ 1996 年，麻黄山"父女气象站"工作
人员开展地面观测

20 世纪 90 年代，六 ▶
盘山气象站工作人员
开展巡查

◀ 20 世纪 90 年代，六
盘山气象站工作人员
开展电线积冰观测

20 世纪 90 年代，贺兰山 ▶
气象站工作人员开展气温
观测

▲ 2005 年，惠农区气象局工作人员开展雾凇观测

▲ 2006 年，石炭井气象站工作人员
开展气温观测

▲ 2009 年，吴忠市气象局工作人员开展
梯度测风观测

◀ 2010 年，银川国家基准气候站工作人员开展浅层地温观测

▲ 2011 年，六盘山气象站工作人员开展观测

▲ 2014 年，银川国家基准气候站工作人员开展地温观测

▲ 2018 年，固原市气象局工作人员开展地温观测

▲ 2018 年，银川国家基准气候站工作人员开展人工蒸发观测

▲ 2018 年，实现自动观测的贺兰山气象站

▲ 2018 年，实现自动观测的六盘山气象站

▲ 20 世纪 60 年代，银川国家基本气象站工作人员施放高空探测气球

▲ 20 世纪 70 年代，银川国家基本气象站工作人员施放高空探测气球

▲ 20 世纪 80 年代，银川国家基本气象站工作人员施放高空探测气球

▲ 2014 年，银川国家基准气候站工作人员施放探空气球

2019 年，银川市气象局自
动施放探空气球设备建成
应用 ▶

▲ 20 世纪 60 年代，雷达观测设备

◀ 20 世纪 70 年代，711
雷达防雹观测

◀ 20 世纪 70 年代，701
探空雷达数据处理系统

◀ 20 世纪 80 年代，天气
雷达观测设备

◀ 2018 年，银川市气象局
观测人员利用 L 波段雷
达开展人工对比观测

◀ 2018 年，吴忠市新一代
天气雷达观测塔楼

2018 年，银川市新一代天 ▶
气雷达观测塔楼

20 世纪 60 年代，卫星接 ▶
收设备

◀ 20 世纪 70 年代，气象工作者
通过专业设备接收卫星云图

◀ 20 世纪 80 年代，业务人员接
收卫星云图

◀ 2018 年，风云四号卫星省
级接收站建设完成

2018 年，风云四号卫星省 ▶
级接收站建设完成

卫星遥感数据管理与服务 ▶
系统

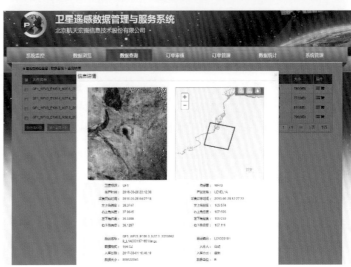

▶（二）资料处理

▲ 1965 年，同心县气象站工作人员处理观测报文

▲ 1978 年，麻黄山气象站工作人员编发气象观测报文

◀ 20 世纪 70 年代，石嘴山气象站工作人员填报观测数据

20 世纪 80 年代，气象观 ▶
测编报

20 世纪 80 年代，气象观 ▶
测报文发送

▲ 20 世纪 80 年代，气象观测报文发送

▲ 1988 年，韦州气象站工作人员订正
EL 型风自记纸记录

◀ 1992 年，青铜峡市气象局工作人员编发气象观测报文

2016 年，青铜峡市气象局 ▶
工作人员编发气象观测报文

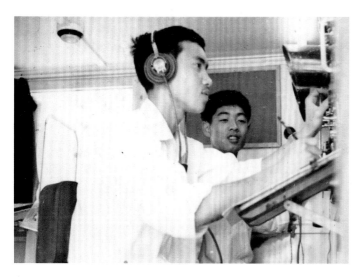

▲ 20 世纪 60 年代，业务人员操作气象资料接收设备

▲ 20 世纪 60 年代，业务人员操作气象资料发送设备

▲ 20 世纪 80 年代，工作人员接收传真天气图

▲ 20 世纪 80 年代，气象观测报文接收

◀ 20 世纪 90 年代，工作人员接收气象资料

▲ 20 世纪 80 年代，业务人员接收气象观测资料

▲ 20 世纪 80 年代，观测员进行气象观测报文处理

▲ 1999 年 7 月 5 日，中卫县气象局观测人员正在处理数据

2019 年，"天镜·宁夏" ▶
气象大数据监控中心建设
完成

▶（三）农气观测

▲ 20世纪80年代，贺兰县气象站工作人员开展小麦农业气象观测

▲ 20世纪80年代，隆德县气象站工作人员开展农业气象观测

▲ 20世纪80年代，固原市气象局工作人员开展农业气象观测

▲ 2010 年，吴忠市气象局工作人员
开展农业气象观测

▲ 2010 年，青铜峡市气象局工作人
员进行小麦灌浆期定穗观测

▲ 2011 年，吴忠市气象局业务人员开
展冬小麦观测

▲ 2012 年，永宁县气象局农业气象人员开展小麦
密度调查

2015 年 6 月，固原市气象局 ▶
业务人员开展农业气象观测

◀ 2018 年，科研所工作人员开展小
　麦长势调查

▲ 2018 年，银川市气象局工作人员开展水稻人
　工观测测定水稻叶面积

▲ 2018 年，隆德县气象局业务人员开
　展农作物观测

◀ 2019 年，建设完成的大田
作物农业气象自动观测站

2019 年，建设完成的农业 ▶
气象自动观测站

▶（四）生态观测

▲ 固原市气象局工作人员开展生态观测

▲ 2007 年，科研所工作人员开展生态观测

2008 年，银川市气象局业 ▶
务人员在阅海湖开展生态
环境监测

2018 年，银川市气象局业 ▶
务人员开展湿地植被监测
调查

◀ 2001 年，科研所业务人员开展土壤水分观测

2008 年，中卫市气象局观测人员进行土壤常数测定 ▶

▲ 2010 年，惠农区气象局工作人员在尾闸镇农田进行土壤测墒

▲ 2012 年，吴忠市气象局业务人员开展土壤水分常数测定

▲ 2016年，盐池县气象局业务人员开展生态观测

▲ 2017年，科研所人员利用无人机开展生态气象监测

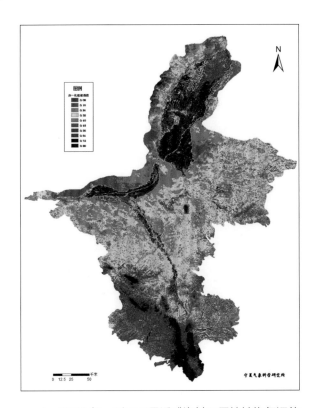

▲ 2018年，利用卫星遥感资料开展植被恢复评估

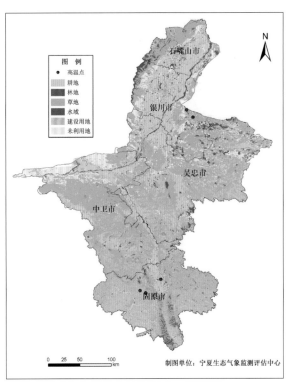

▲ 2019年，利用风云气象卫星遥感资料开展森林草原火险监测

▶（五）设备维护

▲ 20 世纪 80 年代，贺兰山气象站观测员
校准雨量筒

▲ 2008 年，探测中心业务人员开展区域自动气
象站维护保障

◀ 2009 年，探测中心业务
人员在贺兰山气象站进
行设备调试

2010 年，探测中心 ▶
保障人员检修移动应
急气象观测设备

▲ 2011 年，探测中心业务人员开展自动气象站维修工作

▲ 2013 年，业务人员开展银川雷达维护工作

▲ 2014 年，探测中心进行自动气象站巡检

◀ 2014 年，探测中心工作
人员进行自动气象站巡检

▲ 2014 年，探测中心工作人员进行自动气
象站巡检

◀ 2015 年，麻黄山气象站
工作人员维修被冻雨冻住
的风向风速传感器

▲ 2017 年，平罗县气象局工作人员抢修汝箕沟区域自动气象站

◀ 2017 年，灵武市气象局
保障人员夜间抢修长流水
社区区域自动气象站

2018 年，探测中心业务
人员开展气象探测设备
检测维修

2018 年，银川市气象
局业务人员顶风冒雪抢
修贺兰山气象站自动气
象站

2019 年，探测中心业务
人员在固原开展自动气
象站巡检工作

▲ 2004 年，探测中心气象计量技术人员利用气象检定箱开展气压检定

▲ 2018 年，探测中心气象计量检定人员利用风洞装置对杯式风速传感器进行检定

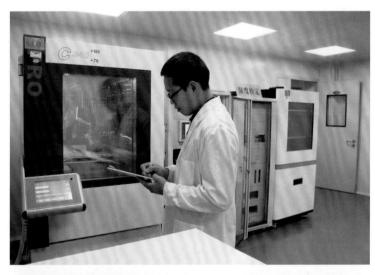

◀ 2018 年，探测中心气象计量检定人员正在记录数字式温湿度表的检定数据

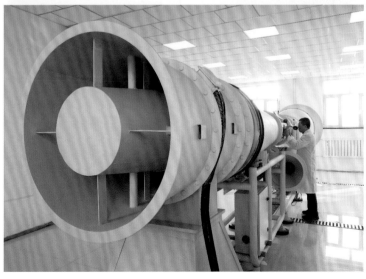

◀ 2018 年，探测中心气象计量检定人员为检定风速传感器作准备

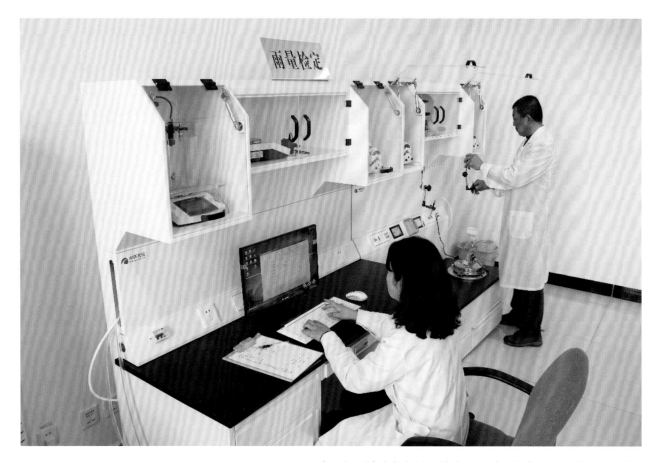

▲ 2018 年，探测中心气象计量检定人员对翻斗式雨量传感器进行检定

2017 年 3 月，宁夏气象综合探测实验基地（以下简称基地）在银川市兴庆区赵家湖建成，占地 13.69 亩，总建筑面积 3684 平方米。基地建有省级运行监控中心、综合维修测试平台、7 个标准化气象计量检定实验室及省级探测装备标准化库房和探测设备试验场。同时更新和扩充了大量实验室标准器和检定设备，完成省级风洞实验室的自动化升级改造和计量检定平台的升级改造，实现了各要素传感器自动化检定、校准和数据管理信息化。

气象预报

　　1956 年，宁夏天气预报业务工作始于抄收中央气象台编发的地面与高空天气图分析预报，开展基于天气图和形势外推的天气预报业务。20 世纪 70 年代，随着观测和数值预报技术的发展，逐步形成了以数值预报为基础，综合应用各种气象信息和预报方法的技术路线，发布短期（0~3 天）、中期（4~10 天）、长期（月）天气预报。21 世纪以来，天气预报时空分辨率不断提升。2005 年开始发布灾害性天气预警信号；2014 年开始发布延伸期（11~30 天）预报；形成了临近（0~2 小时）、短时（2~12 小时）、短期（0~10 天）、延伸期、月、次季节、季节、年无缝隙天气气候预报预测业务；天气预报空间分辨率从县精细到乡镇、行政村。2018 年，开始发布全区 5 公里、1 公里智能网格预报，实现全区全覆盖。天气预报准确率也不断提高，24 小时晴雨预报准确率达 90% 以上，24 小时气温准确率达 80%，气候预测评分达 70% 以上。

◀ 20 世纪 60 年代，气象台预报员开展天气预报会商

20 世纪 70 年代，气象台预报员分析气象卫星云图 ▶

◀ 20 世纪 70 年代，气象台预
报人员进行预报分析

◀ 20 世纪 70 年代，气象台预
报人员进行天气图分析

20 世纪 80 年代，气象台 ▶
预报人员制作天气预报

◀ 20 世纪 80 年代，气象台预
　报人员进行天气图分析

20 世纪 90 年代，气象台 ▶
预报员绘制天气图

◀ 20 世纪 90 年代，气象台预
　报人员开展天气会商

20 世纪 90 年代，气象 ▶
台预报人员制作天气预报

◀ 20 世纪 90 年代，气象台预报人
员开展气象预报分析

2000 年，气象台预报员 ▶
分析天气情况

▲ 2004 年，气象台预报员分析天气情况

▲ 2004 年，气象台预报员开展预报业务
产品制作

◀ 2008 年，青铜峡市气象局业务人
员分析天气图

2013 年，气象台预报业 ▶
务工作平台

▲ 2018 年，气象台预报人员开展预报业务产
　品制作

▲ 2018 年，银川市气象局预报人员分析天气形势

◀ 2018 年 10 月，宁夏气象
　局副局长刘建军（左 1）
　分析自治区成立 60 周年
　庆祝大会天气趋势

▲ 2019 年，泾源县气象局业务人员监测天气

▲ 2019 年，青铜峡市气象局业务人员分析天气形势

宁夏无缝隙、全覆盖、精准化、智慧型天气预报技术体系框架

0~2小时：利用雷达降水估测和预报产品，基于TREC风场跟踪和光流法外推技术，实现逐6分钟滚动输出1千米分辨率、10分钟间隔的0~2小时降水预报产品

0~12小时：基于宁夏中尺度数值预报WRF模式，实现自动站、雷达等探测资料的逐小时快速循环同化分析，逐时滚动输出未来0~12小时、1小时间隔的快速同化预报产品

0~240小时：基于国家级指导格点预报，采用智能客观订正技术，充分利用机器学习、云平台等新技术，建立了5千米分辨率、3小时间隔的0~240小时网格预报产品

10~30天：基于国家气候中心下发的DERF2.0模式产品和下发的5千米格点实况场，利用KALMAN滤波和MOS客观方法，建立延伸期逐日精细化气温预报产品，每候滚动输出11~30天、时间分辨率为日、空间分辨率为5千米的气温格点预报产品

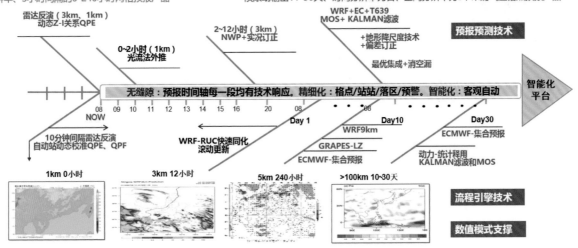

宁夏气候预测技术体系总体技术框架

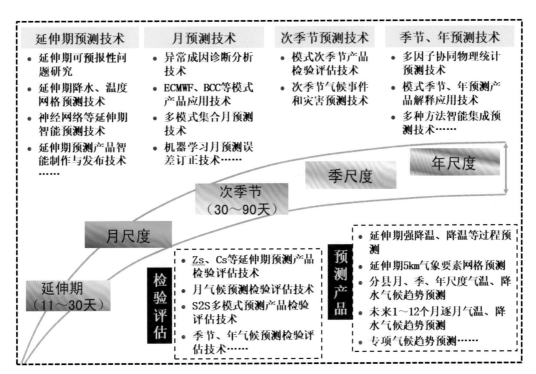

宁夏智能化综合气象业务服务管理平台总体架构

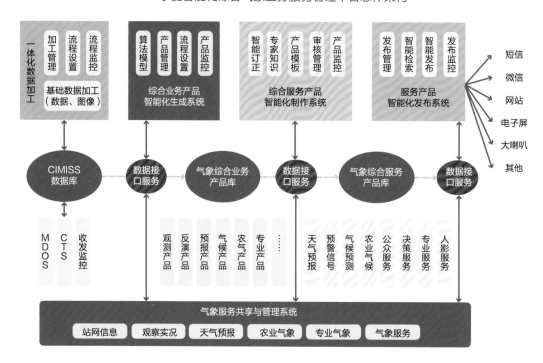

宁夏智能化综合业务服务共享管理平台

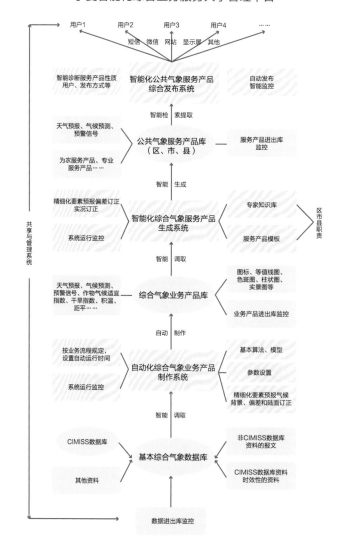

CIMISS 综合数据库

天气业务
Micaps预处理、精细化预报、偏差订正、降水估测等处理模块

气候业务
Cipas预处理、气候统计、气候监测分析等预处理模块

农气业务
农业气象指数、指标分析，要素统计分析、旬月报等处理模块

信息业务
质控、格式、统计、再分析、反演等处理模块

专业气象业务
生活指数、环境指数、交通指数等处理模块

基础数控

CIMISS综合数据库

人影业务
作业条件分析等处理模块

气象内网产品生产
各种产品的图形、图表加工处理模块

其他业务
产品加工预处理模块

按需触发消息，完成数控供给、数据加工和流程监控

宁夏气象大数据应用总体架构

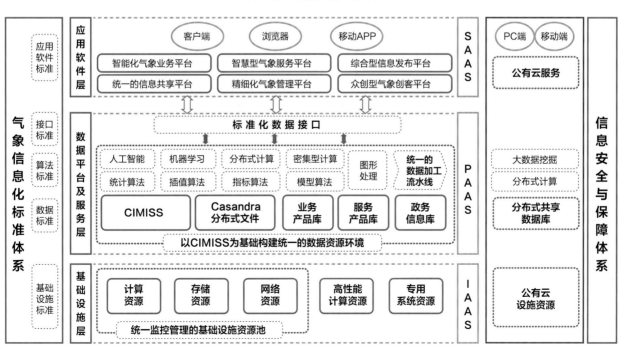

智能化农业气象业务服务平台

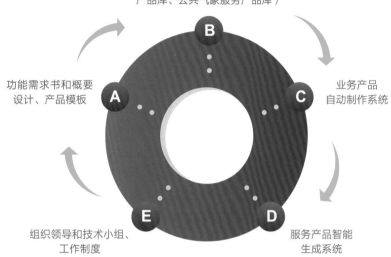

3 个数据库建设
（基本综合气象数据库、综合气象业务
产品库、公共气象服务产品库）

功能需求书和概要
设计、产品模板

业务产品
自动制作系统

组织领导和技术小组、
工作制度

服务产品智能
生成系统

综合气象信息共享与管理系统

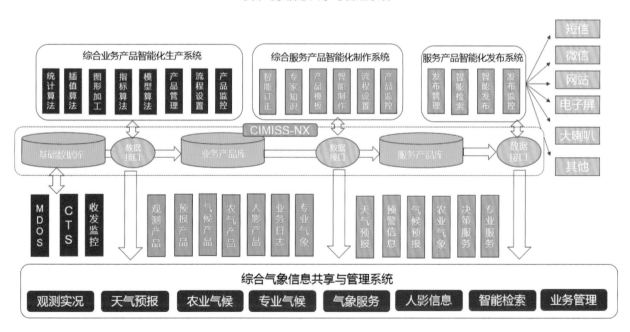

气象服务

　　宁夏地处内陆，局地突发性暴雨、冰雹、大风、高温等极端天气易发频发。据统计，气象灾害及其次生灾害占宁夏自然灾害的 80% 以上，各类极端天气气候事件导致气象灾害及其次生灾害造成的影响不断加重。宁夏气象部门始终坚持以人民为中心的发展思想，以高度的责任心，努力做到监测精密、预报精准、服务精细。充分发挥气象防灾减灾"第一道防线"的重要作用，保障人民群众生命财产安全。充分发挥气象"趋利、避害"的独特作用，服务保障自治区乡村振兴、脱贫富民、生态立区等重要战略全面实施。充分发挥气象部门专业优势，加强部门沟通合作，推动气象工作深度融入自治区各行各业，助力经济社会高质量发展。

▶（一）公众服务

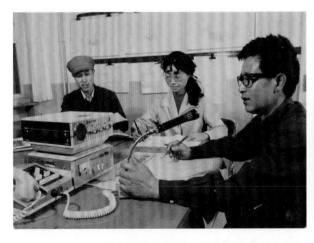

▲ 20 世纪 70 年代，固原市气象局业务人员播报天气预报

▲ 20 世纪 80 年代，西吉县气象局业务人员发布天气预报

1987 年，韦州气象站工 ▶
作人员用超短波电台发报

1999 年，中卫县气象局 ▶
预报人员开展预报服务
工作

▲ 2016 年，吴忠市气象局工作人员就春播天气情况接
　受电视台采访

▲ 2016 年，贺兰县气象局工作人员就重
　大天气过程情况接受电视台采访

2017 年，青铜峡市气 ▶
象局工作人员接受电视
台采访

◀ 中国气象报驻宁夏记者就
气象为农服务采访农户

▶（二）防灾减灾

▲ 2004 年，惠农区气象局联合水文站查看黄河凌汛情况

▲ 2014 年 4 月 24 日，宁夏气象局局长丁传群（右 1）现场部署寒潮霜冻灾害性天气气象服务

2016 年 7 月 23 日，自 ▶
治区政府副秘书长王凌在
宁夏气象台部署防汛工作

◀ 2016 年 8 月 21 日，自治区政府副主席曾一春（右 1）率气象局等单位在救灾一线督导抗洪抢险工作

◀ 2016 年 8 月 22 日，宁夏气象局
局长王鹏祥（右 2）查看贺兰山
特大暴雨降雨量情况

◀ 2016 年 8 月 22 日，银川市气
象局开展贺兰山特大暴雨现场气
象服务

2017 年 2 月 20 日，宁夏 ▶
气象局副局长王建林（右 1）
就降雪气象服务情况接受宁
夏电视台采访

◀ 2017 年 7 月，石嘴山市气象台开展暴雨预报服务

◀ 2018 年 7 月 23 日，宁夏气象局局长杨兴国（左 3）在贺兰山特大暴雨抗洪抢险专题会议上发言

2018 年 7 月 23 日，▶
自治区政府主席咸辉
（前排左 2）视察抗洪
救灾一线，气象局等
单位现场汇报

◀ 2018 年 7 月 23 日，银川市气象局业务人员调查城市道路积水

◀ 2018 年，服务中心业务人员制作气象服务材料

▲ 2019 年 7 月 10 日，宁夏气象局副局长尚永生（左3）在银川市气象局检查汛期气象服务工作

▲ 2019 年，青铜峡市气象局业务人员开展预警叫应服务

▶（三）为农服务

◀ 2016 年，宁夏气象局组织召开
全区气象助力精准脱贫工作会议

◀ 2017 年，宁夏气象局组织召开
气象助力精准脱贫工作会议

2017 年，宁夏气象局 ▶
邀请自治区有关专家
研讨气象助力精准脱
贫工作

◀ 2019 年 1 月，宁夏气象局副局长冯建民
（左 2）慰问对口帮扶隆德县夏坡村并调
研驻村扶贫工作

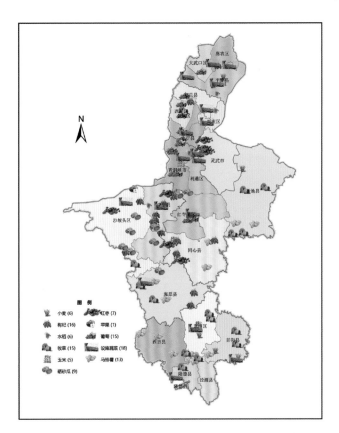

▲ 宁夏农业气象观测站网布局图

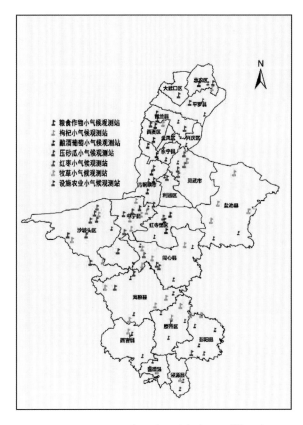

▲ 宁夏农田小气候观测站网布局图

▲ 2011 年 1 月，贺兰县农业气象乡镇信息服务站揭牌

2014 年，平罗县气象信 ▶
息员开展农业气象服务
工作

2017 年，青铜峡市气象 ▶
局业务人员深入田间地
头开展直通式气象服务

◀ 2017 年，科研所农气科研
人员到村部开展霜冻防御
培训

◀ 2014 年，业务人员深入乡
村与农民交流调查气象服
务需求

◀ 2017 年，固原市气象局
业务人员开展农情调查

▲ 2018 年，科研所工作
人员开展酿酒葡萄病虫
害调查工作

▲ 2018 年，银川市气象
局业务人员调查酿酒葡
萄生长状况

2018 年，固原市气 ▶
象局业务人员开展
农情调查

2017 年 10 月，灵武市 ▶
气象局业务人员开展温
棚长枣气象服务

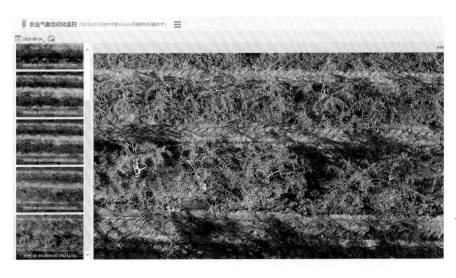

◀ 农业小气候观测站实景
观测系统

科研所业务人员开展马 ▶
铃薯生长情况调查

▲ 2016 年，西吉县农业气象专家到田间地头查看马铃薯种薯生长情况

▲ 马铃薯特色农业气象服务平台

2016 年，西吉县气象局联合农牧部门共同开展产业扶贫服务 ▶

▲ 科研所业务人员针对果树开展农情调查

▲ 2018 年，灵武市气象局联合灵武市园艺场开展经济林果霜冻调查

科研所业务人员在硒 ▶
砂瓜地开展农情调查

▲ 业务人员开展枸杞特色农业气象服务

▲ 中宁县枸杞气象服务试验示范基地

◀ 2014 年 5 月 21 日，自治区
农牧厅组织召开宁夏谷子产
业发展论证会

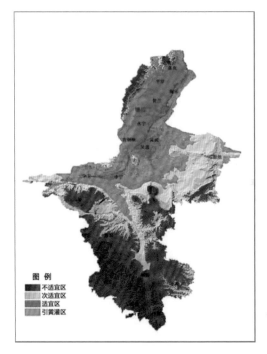

◀ 宁夏杂交谷子气候适宜性区划

2018 年，中卫市气象 ▶
局面向农户推广农业
气象适用技术

▲ 2018 年，张杂谷高产栽培气象技术示范讲解

▲ 农民种植的谷子喜获丰收

自治区党委领导重要批件阅办单

宁党督函〔2019〕1071 号

石泰峰同志批示清样

2019 年 4 月 1 日，自 ▶ 治区党委书记石泰峰批示肯定气象助力精准脱贫气象服务

　　4 月 1 日，石泰峰同志在宁夏气象局《气象信息专报》总第 648 期"'五县一片'深度贫困地区 2019 年 4—9 月农业气象条件分析及建议"上批示：

　　请和山同志阅。宁夏气象局对"五县一片"深度贫困地区的农业气象条件进行了专门分析，提出了有针对性的建议，这种做法很好！对保障"五县一片"深度贫困地区农业生产顺利开展，打赢脱贫攻坚战贡献了智慧和力量。

自治区党委督查室
2019 年 4 月 1 日

送：王和山同志，自治区水利厅、农业农村厅、扶贫办、气象局。

▶（四）防雹增雨

▲ 20 世纪 60 年代，人工防雹作业

▲ 20 世纪 80 年代，隆德县气象局开展高炮作业培训

◀ 2003 年，配备人影专用车辆
开展人工影响天气作业

业务人员人工增雪集中 ▶
作业现场

▲ 业务人员开展人工增雪作业

▲ 业务人员开展人工增雪作业

▲ 业务人员开展人工增雨作业

▲ 2007 年，吴忠市气象部门实施人工增雨作业

▲ 人影中心业务人员研究宁夏地形设计飞机
　作业路线

增雨飞机——夏延 ▶

增雨飞机——运七 ▶

▶ 人影中心业务人员
开展飞机人工增雨
作业准备工作

▲ 人影中心业务人员维护和调试设备

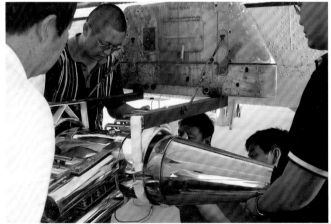

▲ 2010 年，人影中心业务人员安装飞机人工
增雨设备

▲ 2003 年，人影中心业务人员开展飞机人工增雨作业　　▲ 2007 年，人影中心业务人员开展飞机人工增雨作业

2016 年，自治区农牧厅 ▶
慰问增雨机组

央视报道宁夏人工增雨作 ▶
业情况

▶（五）防雷检测

▲ 2008 年，防雷中心检测人员为西气东输阀室进行防雷防静电装置检测

▲ 2013 年，防雷中心检测人员为宁夏国际会议中心开展等电位连接检测

▲ 2013 年，防雷中心检测人员为宁鲁煤电灵州电厂进行大地网测试

▶（六）现场服务

2003 年，石嘴山市气 ▶
象局开展第七届全国少
数民族传统体育运动会
现场气象服务

◀ 2008 年，银川市气象局
业务人员在银川奥运火
炬传递现场开展气象保
障服务工作

◀ 2011 年，吴忠市气象台
开展重大活动现场气象服
务保障工作

◀ 2011 年，银川市气象局开展森林防火演练气象保障工作

◀ 2011 年，银川市气象局工作人员进行森林防火气象服务演练

2013 年，服务中心开展中阿博览会气象服务保障工作 ▶

▲ 2015 年，环青海湖国际公路自行车赛
银川段气象服务保障工作

▲ 2016 年，青铜峡市气象局开展"阿迪力挑战吉尼
斯世界纪录极限之旅活动"气象保障工作

2016 年，中卫市气象 ▶
局服务国家女子沙滩排
球比赛

◀ 2017 年，银川市气象局
开展花博会气象服务保
障工作

2018 年，自治区成立 ▶
60 周年庆祝活动气象
服务专题会商

2018 年，自治区成立 ▶
60 周年庆祝活动，人
工消减雨指挥人员讨
论作业方案

2018 年，自治区成立 ▶
60 周年庆祝活动人影
现场指挥

▶（七）深化合作

2012 年，宁夏气象局 ▶
与国土资源厅联合开展
应急演练

◀ 2018 年，宁夏气象局与
宁东能源化工基地管委
会签署合作协议

2018 年，宁夏气象局 ▶
与自治区生态环境厅
签署合作协议

▲ 2018 年，宁夏气象局与中国铁塔宁夏分公司签订协议

▲ 2018 年，全国枸杞气象服务中心区域协调会

▲ 2019 年，宁夏气象局与宁夏科学技术协会签订合作协议

▲ 2019 年 5 月 10 日，宁夏气象局局长杨兴国（左）与宁东能源化工基
地管理委员会党工委常务副书记陶少华（右）共同为宁东气象台揭牌

▲ 2012 年 8 月，宁夏气象局与固原市政府签署合作协议

▲ 2012 年 11 月 6 日，宁夏气象局与石嘴山市政府签署《共同推进石嘴山市气象防灾减灾能力建设合作协议》

◀ 2014 年 9 月 24 日，宁夏气象局与吴忠市政府召开市厅合作第一次联席会议

◀ 2016 年 10 月 11 日，宁夏气象局与银川市政府新一轮合作座谈会召开

2017 年 11 月 2 日，宁夏气象局 ▶ 与中卫市政府签署合作协议

▶（八）科普宣传

▲ 20 世纪 80-90 年代，气象科普宣传活动

▲ 2011 年，"5·12"防灾减灾宣传周，
气象科普宣传走进小学校园

▲ 2017 年，开展"12·4"国家宪法日普法宣传

2018 年，世界气象日科普宣传 ▶

▲ 2019 年，气象科普宣传进社区

▲ 2019 年，"5·19"科技周气象科普宣传

◀ 2019 年，气象科普宣传进企业

◀ 开放宁夏气象博
　物馆

"3·23"世界气象日，▶
宁夏气象科普馆对外
开放

◀ 2017 年，永宁县气象局
观测人员为参观学生讲解
气象观测仪器原理

◀ 2018 年，固原市气象局
开展"3·23"世界气象
日开放活动

2018 年，青铜峡市气象 ▶
局业务人员为参观学生
讲解气象观测仪器原理

▲ 2019 年，宁夏气象局开放日探测设备科普讲解

2016 年 7 月 25 日，"绿 ▶
镜头·走进宁夏"活动启
动仪式

2016 年 7 月 26 日，"绿 ▶
镜头·走进宁夏"活动记
者在中卫采访治沙专家

◀ 2018 年，小小减灾官全
国科普大赛西北赛区决赛
颁奖典礼

▲ 2019 年，中国扶贫基金会减灾形象大使蔡
徐坤先生（居中）与小朋友们合影留念

▲ 2019 年 10 月，宁夏气象局总工程师陈
楠（左 4）出席小小减灾官活动启动仪式

2016 年，气象防灾减灾 ▶
科普宣传

2019 年，校园减灾教室 ▶

◀ 2017 年，青铜峡市气象局"3·23"
气象科普进校园活动

2017 年，气象科普大讲堂　▶

2018 年，科普宣传进高校　▶

2018 年，宁夏科普讲解　▶
大赛气象系统职工分获
一二三等奖

台站变迁

　　在中国气象局、自治区各级党委和政府的大力支持下，宁夏气象部门台站综合改善和文化基础设施建设成效显著。基层气象台站建立了职工图书室、活动室、体育活动场所等基本文化设施，工作环境和干部职工的文化生活条件得到了明显改善。台站面貌焕然一新，呈现出蓬勃生机。

◀ 20 世纪 80 年代，宁夏气象局大院

◀ 2005 年，宁夏气象局大楼

▲ 2019 年，宁夏气象局

▲ 20 世纪 50 年代，银川气象台

◀ 2003 年，银川市气象局

◀ 2005 年，银川市气象局

2011 年，银川市气象局 ▶

2010 年，石嘴山市气象局　▶

▲ 2018 年，石嘴山市气象局

1997 年，吴忠市气象局 ◀

2006 年，吴忠市气象局 ▶

2018 年，吴忠市气象局 ▶

1980 年，固原市气象局 ▶

▲ 20 世纪 80 年代，固原市气象局

▲ 20 世纪 80 年代，固原市气象局

◀ 2019 年，固原市气象局

◀ 2005 年，中卫市气象局

2014 年，中卫市气 ▶
象局

2008 年，贺兰县气象局　▶

◀ 2018 年，贺兰县
气象局

◀ 2009 年，永宁县气象局

▲ 2016 年，永宁县气象局

◀ 20 世纪 70 年代，西吉
县气象局

▲ 2019 年，西吉县气象局

1984 年，泾源县气象局 ▶

▲ 2019 年，泾源县气象局

▲ 1994 年，六盘山气象站

▲ 1994 年，六盘山气象站

◀ 2002 年，六盘山气象站

▲ 2018 年，六盘山气象站

1970 年，韦州气象站 ▶

▲ 2018 年，韦州气象站

依法行政

2001 年 10 月 1 日，宁夏第一部气象行政法规《宁夏回族自治区气象条例》颁布实施，翻开了宁夏气象法治建设新篇章。宁夏气象法规建设在自治区人大常委会和政府的大力支持下，截至 2019 年宁夏回族自治区共出台 7 部地方性法规及规章，形成"两条例、五规章"组成的地方气象法规体系。

	宁夏回族自治区出台的地方性法规及规章
1	《宁夏回族自治区气象条例》
2	《宁夏回族自治区气象灾害防御条例》
3	《宁夏回族自治区防雷减灾管理办法》
4	《宁夏回族自治区人工影响天气管理办法》
5	《宁夏回族自治区气象灾害预警信号发布与传播办法》
6	《宁夏回族自治区气象设施和气象探测环境保护办法》
7	《宁夏回族自治区气候资源开发利用和保护办法》

▲ 2007 年 5 月 10 日，宁夏气象局局长夏普明（左 2）与自治区政府法制办主任任高民（右 2）参加《宁夏回族自治区防雷减灾管理办法》新闻发布会

▲ 2009 年 7 月 31 日，自治区人大常委会举行《宁夏回族自治区气象灾害防御条例》新闻发布会

◀ 2010 年 4 月 28 日，自治区人大常委会召开学习宣传和贯彻实施《气象灾害防御条例》座谈会

▲ 2014 年 6 月 24 日，自治区政府新闻办举行《宁夏回族自治区暴雨灾害防御办法》颁布实施新闻发布会

▲ 2017 年 7 月 18 日，自治区政府新闻办举行《宁夏回族自治区气候资源开发利用和保护办法》新闻发布会

▲ 2017 年 3 月 30 日，气象、住建部门召开房屋市政工程防雷工作交接联席会议

▲ 法律法规文本

科技人才 两翼齐飞

　　长期以来，宁夏气象局始终把创新发展和人才队伍建设作为事业发展的重要基础来抓。修订完善了科学技术成果认定、成果转化、业务准入等一系列激励科技创新的管理办法。中国气象局和自治区政府通过省部合作，建设了宁夏气象防灾减灾重点实验室和中国气象局旱区特色农业气象灾害监测预警与风险管理重点实验室。参加了大北方区域数值模式体系协同创新联盟，以国际视野高标准规划设计六盘山地形云野外科学试验基地，为科技创新提供平台。

　　实施人才强局措施，着力提升气象科技人才队伍的整体素质，着力推进体制机制创新，为推动气象事业科学发展提供组织保证和智力支持。加大培训力度，积极选派业务、管理骨干参加中国气象局和自治区各层级的培训，提升能力。通过业务竞赛、干部遴选等方式激发干部职工干事创业的内生动力。

科技成就

　　通过不断完善科技创新体制机制、强化科技交流与科研合作，加强科技攻关和科技人才培养，宁夏气象科技创新能力不断提升，取得了丰硕的成果，先后获得了国家级、省部级多项奖励。2001 年以来，全区气象部门共承担省部级及以上科研项目 188 项，在核心刊物上发表论文 380 余篇，出版专著 5 部，获得专利 3 项，获省部级科技奖励 28 项、国家科技奖励 1 项。在分灾种灾害性天气预报，枸杞、酿酒葡萄等特色作物种植区划、人工影响天气作业指标研究等气象应用研究领域取得了一系列成果，智能化集约化天气预报业务系统、宁夏极端气候事件监测预警业务系统、公共气象服务业务平台等 130 余项科技成果投入业务应用，有效提升了宁夏气象部门的科技内涵和智能化水平。

▶（一）国际学术合作

▲ 宁夏气象局参加全球环境基金项目工作

▲ 宁夏气象局参与国际合作科研项目

中英合作"气候变化对农
业的影响"项目组成员到 ▶
宁夏气象局调研交流

◀ 2016 年，宁夏气象局与 IBM
天气公司交流

▶（二）国内学术交流

◀ 2006 年，宁夏气象局承
办环境遥感学术年会

2018 年，宁夏气象局 ▶
承办第五届区域气候变
化监测与检测学术研讨
会议

◀ 2017 年，重点实验室年会

◀ 2017 年，重点实验室建设
　验收会

2017 年，重点实验室纳 ▶
入中国气象局开放序列

中国气象局科技与气候变化司

气科函〔2017〕73 号

科技与气候变化司关于同意中国气象局旱区
特色农业气象灾害监测预警与风险管理
重点实验室纳入中国气象局重点
开放实验室管理序列的函

宁夏回族自治区气象局：

按照《中国气象局重点开放实验室建设与运行管理办法》（气发〔2012〕54 号），根据中国气象局旱区特色农业气象灾害监测预警与风险管理重点实验室建设验收意见，我司经研究，同意中国气象局旱区特色农业气象灾害监测预警与风险管理重点实验室完成建设期任务，正式纳入中国气象局重点开放实验室管理序列。

请你单位进一步加大支持力度，组织实验室围绕旱区特色农业气象灾害监测预警与风险管理核心技术开展攻关，注重成果转化和推广应用，创新体制机制，加强人才培养和合作交流，支持实验室的发展。

中国气象局科技与气候变化司

2017 年 10 月 10 日

▶（三）科研项目研究

◀ 2005 年，科研所研究人员为枸杞农业气象观测标点挂牌

◀ 2005 年，科研所研究人员进行炭疽病发生农业气象观测

◀ 2006 年，科研所研究人员开展干热风高光谱观测工作

◀ 2010 年，科研所研究人员开展马
铃薯节水试验研究

科研所研究人员开展 ▶
酿酒葡萄气象服务指
标研究

◀ 2012 年，科研所建设果
树防霜试验示范基地

▲ 气象部门研制的防霜专利产品——防霜烟弹

▲ 2018 年，科研所研究人员进行理化分析实验

▲ 2019 年，人影中心开展六盘山地形云野外科学试验基地规划讨论

▲ 2019 年，人影中心开展六盘山区大气环流背景分析

◀ 2019 年，六盘山地形云野
外科学试验基地的云雷达

2019 年，六盘山地形 ▶
云野外科学试验基地的
微雨雷达

▲ 2019 年，六盘山地形云野外科学试验基地的天气现象仪

▲ 2019 年，六盘山地形云野外科学试验基地的三轴风速仪

2019 年，六盘山地形云野外科学试验基地的多通道微波辐射计 ▶

▲ 2019 年，六盘山地形云野外科学试验基地带测雹板的天气现象仪

2019 年，雪深观测仪 ▶

▶（四）科技成果奖励

▲ 1996 年，宁夏气象研究所获得国家科技进步奖二等奖

▲ 2009 年 10 月，张晓煜（前排中）、韩颖娟（前排左）、马金仁（前排右）
获得自治区科技奖励

▲ 2013 年，宁夏气象局获得国家科技进步奖二等奖

2017 年，气候中心崔洋 ▶
（右 1）荣获"第十五
届宁夏青年科技奖"

2018 年，科研所刘静 ▶
（左 2）获第二届宁夏
最美科技人荣誉称号

◀ 2018 年，科研所农业气
象研究项目获中国气象
学会气象科学技术进步
成果奖

◀ 2018 年 5 月 29 日，科
研所李红英（前排右 5）
荣获"宁夏青年科技奖"

获国家级科技奖励情况

授奖时间	项目名称	获奖等级	获奖单位
1996 年	小麦黄矮病冬春麦区间流行关系及春麦区流行趋势预测的研究	国家科技进步奖二等奖	宁夏气象研究所
2013 年	中国西北干旱气象灾害监测预警及减灾技术	国家科技进步奖二等奖	宁夏气象局

获省部级科技奖励情况（第一完成单位）

授奖时间	项目名称	获奖等级	主持人
1990 年	宁夏冰雹预报方法	自治区科技进步三等奖	李文源
1990 年	宁夏干旱发生规律预报方法及抗旱措施的研究	自治区科技进步三等奖	董永祥
1990 年	小麦锈病的农业气象预测预报方法的研究	自治区科技进步四等奖	郭豫葭
1992 年	牧草农业气象条件鉴定	自治区科技进步三等奖	董永祥
1994 年	宁夏灾害性天气预报专家系统	自治区科技进步三等奖	李文源
1994 年	宁夏冰雹同位素氘的分析	自治区科技进步三等奖	陈玉山
1994 年	甜菜地膜覆盖的小气候效应	自治区科技进步四等奖	李凤霞
1996 年	宁夏夏季降水性层状云微物理过程数值模拟	自治区科技进步三等奖	牛生杰
1996 年	2Y-Ⅱ型机载碘化银播撒器的改进	自治区科技进步三等奖	陈玉山
1996 年	宁夏农业产量气象预报和服务方法的研究	自治区科技进步四等奖	董永祥
1999 年	人工增雨优化作业技术方法研究	自治区科技进步二等奖	牛生杰
2001 年	银川市空气污染预报方法的研究	自治区科技进步三等奖	桑建人
2002 年	宁夏农业综合开发惠农节水示范区节水农业试验与示范	自治区科技进步二等奖	王连喜
2003 年	气象 3S 技术在宁夏农业中的应用研究	自治区科技进步三等奖	赵光平
2003 年	宁夏主要农业气象灾害监测与灾损评估研究	自治区科技进步三等奖	刘　静
2005 年	宁夏移民迁出区退耕还林的气候模拟与分析	自治区科技进步三等奖	王连喜
2005 年	宁夏强沙尘暴成灾机理、控灾对策研究	自治区科技进步二等奖	赵光平
2005 年	中尺度数值预报模式和预报产品释用技术在宁夏新一代天气预报业务技术中的推广应用	自治区科技进步三等奖	陈晓光
2005 年	宁夏枸杞高产优质的气候形成机理及区划研究	气象科技奖研究开发奖二等奖	刘　静

授奖时间	项目名称	获奖等级	主持人
2006 年	贺兰山地区沙尘暴热力动力结构和预警方法研究	自治区科技进步三等奖	王连喜
2006 年	我区暴雨型地质灾害风险预报研究	自治区科技进步三等奖	赵光平
2007 年	太阳能综合利用技术研究与开发	自治区科技进步三等奖	桑建人
2008 年	基于遥感参数反演技术的农业气象灾害监测与评估	自治区科技进步三等奖	李剑萍
2008 年	贺兰山东麓优质酿酒葡萄气候形成机理及小气候调控	自治区科技进步三等奖	张晓煜
2008 年	宁夏精细化气象要素预报业务系统	自治区科技进步三等奖	赵光平
2009 年	宁夏干旱发生发展突变分析及预测技术研究	自治区科技进步二等奖	冯建民
2010 年	宁夏气候对全球气候变化的响应及其机制	自治区科技进步三等奖	陈晓光
2011 年	西北地区东部沙尘暴转型重大机理研究	自治区科技进步三等奖	赵光平
2012 年	气候变化背景下宁夏干旱监测预警系统研究	自治区科技进步三等奖	张晓煜
2016 年	宁夏灰霾天气形成机理、预报预测及防治对策	自治区科技进步三等奖	桑建人
2016 年	中国北方果树霜冻灾害防御关键技术研究与应用	自治区科技进步三等奖	张晓煜
2016 年	基于 GIS 的中国北方酿酒葡萄生态区划	自治区科技进步三等奖	张晓煜
2016 年	北方果树（苹果、梨、桃、杏、李子）霜冻灾害防御关键技术研究与应用	气象科学技术进步成果二等奖	张晓煜
2018 年	宁夏干旱半干旱区高产杂交谷子引种农业气象适用技术示范推广	气象科学技术进步成果二等奖	刘　静

获省部级科技奖励情况（合作单位）

授奖时间	项目名称	获奖等级	获奖单位或获奖人
2010 年	西北区域干旱监测预警评估业务系统	甘肃省科技进步二等奖	宁夏气象局
2012 年	宁夏适应气候变化的农业开发技术集成研究与示范	自治区科技进步二等奖	刘静
2013 年	西北极端干旱事件个例库及干旱指标数据集	甘肃省科技进步二等奖	郑广芬
2016 年	压砂瓜水肥高效利用及压砂地持续利用研究与集成示范	自治区科技进步一等奖	张晓煜
2019 年	脆弱生态修复人工增雨立体作业体系及应用研究	甘肃省科技进步三等奖	宁夏人工影响天气中心

人才培养

　　宁夏气象部门从事气象相关的业务、科研和教育人数，已由成立初期的 100 多人发展壮大到现在的 654 人，其中正高级职称人员 17 人，约占职工总数的 2.6%；副高级职称人员 121 人，约占职工总数的 18.7%；有博士、硕士 149 人，本科以上学历人员占职工总数的 93.6%，在全国气象部门名列前茅。先后有 5 名职工获得"全国先进工作者""全国五一劳动奖章"等称号。特别是党的十八大以来，先后有 10 人获评正高级专业技术职称，1 人获全国先进工作者称号，1 人获全国五一劳动奖章，10 人入选自治区青年拔尖人才培养工程，7 人次享受中国气象局西部优秀青年人才津贴。

◀ 1959 年，宁夏气象局业务人员考入北京气象专科学校

◀ 1962 年，宁夏气象局业务人员在北京气象专科学校培训

◀ 20 世纪 60 年代，气象观测
员集体学习

20 世纪 60 年代，技 ▶
术人员开展手持观测
设备使用培训

◀ 20 世纪 80 年代，气象
观测员进行业务研讨

◄ 1988 年，韦州气象站业务
人员学习规范

2007 年，青铜峡市气 ►
象局开展集体观测业务
学习

2010 年，吴忠市气象 ►
观测站全体工作人员进
行云能天观测学习

▲ 2014 年，开展自动气象观测站维护培训

2018 年，宁夏气象局、▶
宁夏总工会联合举办全区
气象行业职业技能竞赛

2019 年，全区气象行 ▶
业技能竞赛现场问答

◀ 20 世纪 70 年代，开展
天气预报知识学习研讨

◀ 20 世纪 70 年代，石嘴
山市气象站业务人员开
展集体学习

20 世纪 70 年代，气象台开 ▶
展预报员培训

20 世纪 70 年代，▶
预报员培训

20 世纪 90 年代，▶
预报员培训

▲ 20 世纪 90 年代，组织业务考试 ▲ 1997 年，举办培训学习班

▲ 2008 年，年轻预报员培养

▲ 2011 年，重大天气过程预报技术总结交流

◄ 2011 年，李泽椿院士在宁夏气象局做学术报告

2017 年 9 月 27 日，许健民院士在宁夏气象局做学术报告 ▶

◀ 2018 年，丁一汇院士来宁夏做报告

◀ 2018 年，秦大河院士来宁夏做报告

◀ 2014 年，宁夏气象局与兰州大学大气
科学学院联合建立大气科学研究和人
才培养基地

▲ 宁夏气象局专家承担2019年宁夏大学农业气象学基础课的教学任务

▲ 2000年，吴忠市气象局全体职工听取全国先进工作者报告

2017年，宁夏气象局 ▶
开展青年职工座谈会

1992年，贺兰县气象 ▶
局获得全区气象部门
先进集体

2005 年，吴忠市气象 ▶
局代表队获"春雨杯"
业务竞赛技术能手称号

◀ 2010 年，宁夏气象局在
全国气象行业天气预报
职业技能竞赛中获奖

2007 年，西吉县气象 ▶
局李富虎（右2）参加
中国南极科学考察

2007 年，西吉县气象局李富虎在南极科考站制作标识 ▶

2010 年，惠农区气象局李向军（右 2）赴南极参加科学考察 ▶

◀ 2011 年，惠农区气象局李向军在南极科考站安装标识牌

▲ 2015 年，固原市气象局马强在南极科考
期间维修南极长城站仪器

▲ 2015 年，固原市气象局马强（左 1）在
南极长城站工作

▲ 2010 年，灵武市气象局观测员蔡敏获得"全
国先进工作者"荣誉称号

▲ 2010 年，蔡敏参加全国先进工
作者表彰大会

▲ 2015 年，六盘山气象站站长贾永辉获得"全国先进工作者"荣誉称号

▲ 贾永辉工作照

◀ 2016 年，气候中心研究员杨建玲获得"全国五一劳动奖章"荣誉称号

2016 年，杨建玲（立 ▶ 者）参加自治区五一表彰大会

2019 年，宁夏气象台荣 ▶
获自治区"五一劳动奖
状"，永宁县气象局卢
小龙（右 1）荣获自治
区"五一劳动奖章"

获得国家级奖励的个人有：

聂树勋，1959 年荣获"全国先进工作者"；

段云汉，1998 年荣获"全国民族团结进步先进个人"；

杨强铭，2000 年荣获"全国先进工作者"；

杨有林，2005 年荣获"全国民族团结进步模范个人"；

蔡　敏，2010 年荣获"全国先进工作者"；

贾永辉，2015 年荣获"全国先进工作者"；

杨建玲，2016 年荣获"全国先进工作者"。

照片未能全部展示，特此说明。

党的建设 坚强保证

　　宁夏气象局党组始终坚持党对气象工作的全面领导，以党的政治建设为统领，推动全面从严治党向纵深发展，为气象事业持续健康发展提供了坚强保证。

全面加强党的建设

　　强化党组书记的领导责任、机关党委书记的直接责任、党支部书记的主体责任，逐级建立任务和责任清单。深入实施基层党组织建设"三强九严"工程，连续 5 年开展基层党组织星级评定工作，扎实开展机关党建工作"灯下黑""质量提升年"等专项治理。通过一系列扎实有效的工作，部门基层党组织建设标准化规范化水平明显提升，基层组织力和政治功能凸显，充分凝聚起贯彻落实上级重大决策部署的合力。近 10 年，先后有 17 个基层党组织和党员干部获区直机关及自治区表彰奖励。宁夏气象局党建工作多次获中央驻宁单位考核优秀，2018 年党建工作得到中国气象局通报表扬。

◀ 1990 年，吴忠市气象局召开思想政治工作研讨会

◀ 2007 年，中共宁夏气象局机关第六次代表大会在银川召开

2007 年，宁夏气象局召开 ▶
会议庆祝建党 86 周年

2013 年，宁夏气象局召开 ▶
全区气象部门廉政文化经
验交流会

◀ 2014 年，宁夏气象局开
展党的群众路线教育实
践活动

▲ 2017 年，宁夏气象局召开全区气象部门党建纪检工作会议

2018 年，宁夏气象局 ▶
参加全国气象部门全
面从严治党工作会议

2019 年 7 月 4 日，宁 ▶
夏气象局党组纪检组
组长庞亚峰（右 1）调
研指导中宁县气象局
融入业务抓党建工作

◀ 2006 年，宁夏气象局保持共产党员先进性长效机制学习班

◀ 宁夏气象局认真开展党章学习

◀ 2012 年，宁夏气象局召开党内警示教育学习会

2015 年，宁夏气象局举办"守纪律、讲规矩"专题学习报告会

2016 年，宁夏气象局举办"两学一做"学习教育培训班

2017 年，全区气象部门学习宣传贯彻党的十九大精神动员部署视频会议

2017 年，宁夏气象局 ▶
党组举办学习党的十九
大精神专题研讨班

◀ 2017 年，宁夏气象局学
习贯彻十九大精神宣讲报
告会

▲ 2018 年，宁夏气象局党组 2017 年度民主
生活会情况通报会

▲ 2018 年，宁夏气象局举办处级以上干部学
习贯彻党的十九大精神集中轮训班

◀ 2018 年，宁夏气象局开展 "三强九严 党的基本知识大学习" 学习报告会

◀ 2019 年，宁夏气象局举办党组中心组学习研讨会

2019 年，宁夏气象局举办 ▶
"不忘初心、牢记使命"
主题教育视频专题辅导报
告会

◀ 1998 年，吴忠市气象局新党员
入党宣誓

▲ 2005 年，宁夏气象局举办党员先进性教育
知识竞赛

▲ 2006 年，宁夏气象局人工影响天气试验基
地党支部与科研所党支部联合开展学党章知
识竞赛

2006 年，七一建党节 ▶
党员歌唱革命歌曲

◀ 2007 年，宁夏气象局开展普通党员
讲党课活动

2017 年，固原市气象局党 ▶
支部开展喜迎十九大主题
党日活动

◀ 2017 年，吴忠市气象局联合盐池县
气象局开展"追寻红色记忆 熔铸民
族之魂"主题教育活动

◀ 2018 年，宁夏气象局组织廉政教育警示活动

2018 年，宁夏气象局机关第一党支部（办公室）与自治区政府政务公开办党支部联合开展主题党日活动 ▶

▲ 2018 年，宁夏气象局机关第三党支部（计财处）与财政部驻宁夏专员办党支部开展支部共建活动

2018 年，科研所党支部赴 ▶
将台堡开展主题教育活动

2018 年，服务中心党支部 ▶
联合贺兰山森林管理局党支
部开展主题党日活动

◀ 2018 年，隆德县气象局
党支部开展重走长征路
主题党日活动

2019 年，宁夏气象局 ▶
开展党员集中公诺活动

2019 年，宁夏气象局 ▶
开展"扛起共产党人
的责任"党员集中公
诺活动

2019 年，宁夏气象局开 ▶
展"巾帼心向党，建功
新时代"主题党日活动

◀ 2019 年 6 月 19 日，宁
夏气象局组织党员重温入
党誓词

◀ 2019 年 6 月 19 日，宁
夏气象局组织党员赴宁东
党性教育培训基地开展
"社会主义是干出来的"
主题宣传教育活动

2019 年，宁夏气象局 ▶
组织党员应知应会知
识考试

2019 年，吴忠市气象 ▶
局举办纪念建党 98 周
年知识竞赛

2019 年，服务中心党 ▶
支部与人防办党支部
开展共建活动

▲ 2019 年 12 月，宁夏气象局举行宪法
宣誓仪式，局长杨兴国领誓

▲ 2005 年，纪念建党 84 周年暨保持共产
党员先进性教育实践活动总结表彰

◀ 2006 年，气象职工获区
直机关工委优秀党员表彰

◀ 2009 年，宁夏气象局隆
重纪念中国共产党成立 88
周年，表彰先进党组织、
优秀党员和党务干部

精神文明建设

　　精神文明创建成效显著。1998 年宁夏气象部门被评为全国气象部门首批文明系统，同年被评为自治区首批文明行业并保持至今。自治区各级气象部门多次被评为市级以上文明单位，其中全国文明单位 2 个，自治区文明单位 15 个，全国文明台站标兵 4 个，全国巾帼文明岗 1 个。群团工作成绩突出。宁夏气象局工会先后获区直机关、自治区"先进工会组织""模范职工之家"称号，部门内多个集体和个人先后获自治区"巾帼建功先进集体""全国三八红旗手""全国五好家庭""最美人物""道德模范""最美家庭"等荣誉称号。

◀ 1998 年，文明行业创建工作座谈会

◀ 2008 年，宁夏气象局召开全区气象部门精神文明建设工作研讨会

▲ 2009 年，宁夏气象局召开全区气象文化
建设研讨会

▲ 2006 年，宁夏气象局开展气象人精神演讲比赛

◀ 2007 年 6 月 29 日，信
息中心向贫困地区小学
捐赠学习用品

◀ 2007 年，宁夏气象局举
办甘肃、宁夏、江苏三
省（区）气象部门先进
事迹报告会

2008 年 6 月 30 日，吴 ▶
忠市气象局马磊（左）
参与奥运火炬传递

2008 年，宁夏气象局举 ▶
办爱国主义歌曲演唱会

◀ 2009 年，宁夏气象局参加
全区"迎国庆、讲文明、树
新风"礼仪知识电视竞赛

2009 年，宁夏气象局 ▶
团委开展共青团爱岗敬
业传统教育活动

▲ 2017 年，气象志愿服务队走进田间地头

▲ 2018 年，主题团日活动

◀ 2019 年 3 月，宁夏气象局
举办歌唱我和我的祖国活动

◀ 2019 年，吴忠市气象局
举办五四青年论坛

◀ 2019 年，宁夏气象局团
委组织开展廉政警示教
育和革命传统教育活动

▲ 气象科研所职工春节联谊活动

▲ 1998 年，吴忠市气象局职工表演腰鼓舞蹈

▲ 1998 年，宁夏气象局职工运动会

▲ 2001 年，吴忠市气象局秧歌队训练

◀ 2001 年，宁夏气象局举办宁夏
气象系统第四届运动会

2006 年，宁夏气象局参加"清 ▶
凉宁夏"广场文艺演出

2007 年，宁夏气象局 ▶
运动会拔河比赛

◀ 2009 年，宁夏气象局举办
第八届职工运动会

◀ 2017 年，吴忠市气象局、
青铜峡市气象局开展健步走
活动

◀ 2018 年，宁夏气象局
举办新春文艺展演活动

2018 年，软式排球赛 ▶

◀ 2019 年，妇女节趣味
运动会

▲ 2019 年，妇女节趣味活动

▲ 2019 年，宁夏气象局"三八"妇女节健步
走活动

2011 年，宁夏气象局举 ▶
办离退休干部春节团拜会

2015 年，宁夏气象部门 ▶
离退休干部参加自治区
"纪念抗日战争暨世界
反法西斯战争胜利 70 周
年"演唱会

◀ 2018 年，宁夏气象局举办离退休干部书画摄影作品展

◀ 2019 年，宁夏气象局组织离退休党员参观盐池县烈士纪念馆

2019 年，宁夏气象局召开离退休干部职工座谈会暨信息通报会 ▶

2004 年，宁夏气象系 ▶
统通过复检获自治区
文明行业称号

▲ 2005 年，宁夏气象局职工参加区直机关"青年风采
之星"英语大赛

▲ 2013 年，宁夏气象局表彰 5 个文明和谐家庭

◀ 2013 年，固原市气象局李富虎
（后排左 3）荣获"六盘英才"
荣誉称号